100个基本

100の基本　松浦弥太郎のベーシックノート

[日]松浦弥太郎 著　尹宁 译
Matsuura Yataro

湖南人民出版社·长沙

目 录

松浦弥太郎的"100个基本"
001

COW BOOKS 的"100个基本"
209

打造你的"100个基本"
417

松浦弥太郎的"100个基本"

我常常被问"你是从什么时候开始考虑这些事"或者"遇到什么契机开始这样的思考"。这些问题,就算仔细回想也想不出个所以然。在日常的工作和生活中,我始终抱有对人和事物的好奇心,有细小的感动或发现,有偶然浮上心头的感想,有觉得很棒的事情,这样的时刻很多。每当此时我会像捡到了宝物一样高兴,并留下笔记。

过后重看这些笔记,我才意识到原来自己想变成那样的人,想学习那些东西,或者想珍视那种事物。这些感受留在头脑深处,直到某一日,它们突然变成自己发自心底认同的事,或者通过自身经历而有了切身感受。在这样的一日到来之前,它们还只不过是从别人处借来,寄存在自己这里的宝物。经历了个人体验之后,它们才第一次成为自己的东西。通过这个过程收集的宝物,就是我的"100个基本"。

"100个基本"是为了让自己明白事理而对自己展开的思考,是为了整理自己的思路而存在的。这是为了个人成长、学习,为了更像自己,而应该恪守的人生信条。重要的事情、想要遵守的规则,我想每个人都有,但这些内容其实是很模糊的,难以用言语表述。如果能一条条地认真思考如何用言语表达它们,也就能借此更好地认识自身。

"基本"可以关涉任何事——计划、目标、想养成的习惯,灵光一闪想到的或者想模仿的事。将这些事列个清单,偶尔过目,检查做到了多少,没做到多少,这很重要。

"100个基本",是以人生为名的漫长旅行中必不可少的地图。迷路时常常翻阅,不安时拿在手上。这样的"100个基本",将会成为旅行护身符般的存在。

"100个基本",历久弥新。通过更新基本,你的人生地图将变得更加明晰和详细。

"100个基本"并不以完成为目的。要常常学习,并让它根据自身成长而不断变化。

100 Basics

Basic Notebook of Yataro Matsuura

001

一切自己负责。

指责他人也无济于事。

好事、坏事,我们会经历各种事情。无论发生什么事,我认为"一切的起因都在于自己"。不推到他人、社会的身上,不去指责他人,也不怨恨这个社会。不管发生什么,都要自己处理,自己主动承担责任。大体的事情,都可以自己负责解决。只有带着"说服自己的关键是在于自己"的觉悟,才有可能不依存于他人,用自己的双脚走下去。

002

舍弃自尊,凡事忍耐。

自尊心，不是用来肆意宣扬的武器。将自尊深藏于内心就好。舍弃自尊，凡事忍耐。这两条，是我所尊敬的一位名编辑教给我的，让工作得以长久的秘诀。"动不动就暴怒的话，工作就无法开展。请舍弃自尊，即便觉得不对也要学会忍耐。保持冷静思考。"这是我从他身上学到的珍贵哲理。

003

简单地生活。

要做的事,保持一点点就好。

简单思考后,选择少量"应该做的事"。如果其中有复杂的事就简单化,认认真真地拼命做到最好。如果什么都要插一手,最后的结果不过是每件事都半途而废罢了。"想穿红色的,也想穿蓝色的",两种颜色都穿在身上,只会显得不伦不类。只要有"想要那样,又想要这样"的想法,就不可能全部实现。不能明确目标,凡事都只能是浅尝辄止。

004

不对过去说谎。

大家都知道不应该说谎,但那只是对当下而言。对于过去,是不是会为自己编排上更有利的情节呢?即便不算说谎,也会为了将自己现在的行为正当化,而稍稍调整过去的故事吧?过去的事,谁也没法去验证。小小的谎言也不会被揭露。但正因如此,才罪恶深重。所以我认为,最不该说的,就是对"过去"的谎言。

005

做被钱喜欢的工作,
过被钱喜欢的生活。

己所不欲,勿施于人。对人对钱都是如此。对工作和生活来说,钱都很重要。钱是经常帮助自己,像朋友般的存在。所以每次打开钱包时,都问问自己的内心吧。"把钱用在这上面,它是会讨厌,还是高兴?"以此为基准,摸索被钱喜欢的工作方式,被钱喜欢的生活方式。

006

最重要的工作,
是规律生活和健康管理。

我从事文字工作，经营旧书店"COW BOOKS"，担任《生活手帖》的主编。在所有事情中，排在第一位的，是自己的健康管理；第二位，是保护为我工作的社员们的健康。过规律的生活。不加班，也不让别人加班。如果发现有工作多到要睡不着觉的人，就伸出援手。身体不健康也做不好工作，这是适用于所有人的原则。

007

无论做什么事，
都要想到下一个人。

上厕所的时候,要想到下一个用的人。扔垃圾的时候,要想到将垃圾送到垃圾场的人、回收运输的人、处理垃圾的人。做杂志的工作,要想到校稿的人、印刷的人、装订的人、将书运到书店的人、为我们卖书的人,以及读者。无论做什么事,都不要忘记人的存在。我想牢记这一点做事。

008

抢占先机，确认工序，
准备充分，仔细作业。

工作基本上都是准备。准备充分了基本上都会达成。抢占先机，确认工序，只要有过细致的准备，基本上事情都会顺利进行。稍微有点困难的，是抢占先机的时间点。出手太迟，就无法顺势而为；出手太早，也会出现问题。这方面经验的积累固然重要，但要有这种意识：想到"差不多必须开始了"的时候，通常都已经太迟了。

009

沟通,
就是为了传达爱愿。

无论是在工作中还是在生活场合里,与人沟通的能力都很必要。做演讲也好,向人说明事理也好,包括和重要的人加深关系,交流都不可或缺。正因为如此,一定要明白这点:交流的目的,是传达爱愿。对工作的爱愿,对人的爱愿,对物的爱愿,对项目的爱愿。不要忘记交流的目的是传达爱愿。

010

幸福,是人与人之间深刻的联结,
和深深的羁绊。

"对你来说,幸福是什么?"如果被这样问,你能迅速作答吗?我们都是为了获得幸福而生存的。为他人和自己的幸福而工作、生活。知道自己的幸福为何,也就等于知道了自己在追求着什么生存。对我来说,幸福就是和人深深的联结。加深与人的羁绊,是我最大的幸福。为了能够看到前方那"幸福的景色",我才得以每天都拼尽全力。

011

不破坏,不失信。
不汲汲以求,不放弃。

对工作、对生活,对任何事都是如此。不破坏与他人之间的联结关系。不破坏约定。不管做什么,都能持之以恒地努力。一旦开始,不放弃就很重要。无论如何都要注意,总有搞砸、失信的事情发生。正因为基于这样的事实,才要为追求不破坏、不失信、不汲汲以求、不放弃而努力。

012

栽培,守护,坚持。

人与人之间的关系,因培育而生。建立起关系后就好好守护吧,使之持续下去。"如何才能栽培?如何才能守护?如何才能坚持?"要对这些问题作多方面的思考。

013

愈是小的承诺愈要信守。

"下次,一起吃饭吧""那本书我借你",平时这些话我们经常脱口而出。可能都是顺着话题随口说的,但这和郑重的约定、重大的约定一样,都应该被遵守。愈是不知不觉间许下的模糊不清的诺言,愈是小小的约定,愈重要。不轻视小约定,然后去执行,对方会欣喜地感到"啊,他还记得啊""原来那不是一句客套"。我想传达给对方这种喜悦。

014

放大镜和望远镜。

要学会使用放大镜和望远镜。看清楚近物和远物的能力合在一起,才能更接近事物的本质。对周身的事物和世界形势都是如此。在自身的时间轴上,"现在的事和二十年后的事",也是我想用放大镜和望远镜两个视点考虑的。

015

资讯就是自己的经验；
知识则应适可而止。

唯有自己的经验才能被称为真正的资讯。平时所见、所读、所听的,是知识而不是资讯。知识一旦增长,会令自己的头脑放弃主动思考。所以知识有一些即可。我们要成为什么都能思考,而不是什么都知道的人。"什么都不知道的自己",意味着你对什么都能坦率面对。这个世界的知识已经太多了。就算不刻意学习也会渐渐增加,所以有时候要努力忘记一些知识。

016

八胜七败的法则。

大获全胜之后，就会有彻底溃败的危险。福兮祸所依，一切太过顺利了，有可能会受伤或生重病，或者有麻烦事不期而至。像相扑比赛那样，想着八胜七败[1]吧。比起好坏各占一半，追求稍微领先一点点的胜利，我认为是最美妙的。明白自己也有赢不了的时候，对胜利保持谦逊之心。维持相应的平衡，是世间万事得以永续的秘诀。

---

1 相扑力士在决定排名的"名人赛"中，要参加十五回合比赛。胜出八回便有资格晋级。

017

看,再看,持续地看。

好好观察,看似没什么却很难做到。不要简单地接受映入眼帘的事物,然后就觉得自己已经明白了。更不用说,只看了一眼就下结论是何等荒谬。看过一眼之后,要再细看第二遍。在思考"这是什么"的同时持续地观察。在质疑"这到底是怎么回事"的当下,继续关注。用手触摸,再看一次。看几次是不够的。不要马上接受,要持续地看。

018

交朋友的能力。

人的能力有很多种,最重要的,是交朋友的能力。只要有交朋友的能力,即便一无所有,到世上任何地方也能生存。这在工作和生活上,都很有用。交朋友的能力,就是发现对方"闪光点"的能力。找到对方的优点并告诉他,就能成为朋友。只要具备在人、物和事上找到闪光点的能力,就能变得幸福起来。

019

为工作而玩。

我不太认同"为了玩而工作"这话。要做好工作，就应该常常玩，并从玩中获得经验。通过经验获取的资讯，也会对工作起到莫大的帮助。比起埋头工作的人，充实生活的人更能做好工作，也更有同情心和想象力。拼命玩耍吧。"我的工作很棒啊！"有这样想法的人，都很会玩呢。

020

电视、报纸,只从远处观望。

并不是说要完全隔离,也并没有讨厌或否定电视和报纸的意思,我只是觉得没有必要看得那么仔细。不囫囵吞枣地全盘接受电视或报纸上的内容,而是稍微拉开距离,远远地瞥上一眼的状态,我认为刚刚好。只要有"哦,原来发生了这样的事情"的认知程度就好,我并不将电视和报纸作为自己主要的资讯来源。

021

不是"为对方着想",是"想象力"。

为对方着想,这当然很重要。但若想错一步,就会变成"自以为是"。如果只是自我满足,不仅无法让对方感受到你的体贴,还有演变成多管闲事的危险。不如将"为对方着想"这个说法改为"想象力"吧。这样就能平顺地、不纠缠地照顾到对方的感受。

022

磨砺心智。
为此读书，
听音乐，
欣赏戏剧，
接触文化。

今后是体现人性之力的时代。要增强作为人的力量,就必须磨砺心智。去看书、听音乐、欣赏艺术和戏剧吧。与文化接触,能成为磨砺心智的契机。而只有自己走出家门,和文化进行"实际体验的接触",才能真正磨砺心智;才能提升品位,进而化作自身成长的食粮。

023

成为问候高手。

在他人向自己问候之前,主动打招呼。我将"成为问候高手"当作每天的口号。住在家附近的人、职场上的同事、称不上朋友的熟人,和这些人没法很深入地交流。了解对方和让对方了解我们,这两件事也很困难。但是,简单的问候,对谁都能做到。虽然只有几秒钟,却也是了不起的交流。

024

基本原则：
诚实、亲切、笑容。

诚实、亲切、笑容——对我来说,这就是全部的基本原则。在苦恼、困惑的时候,我会倚仗这些信条重新振作。不管发生什么事,我都不会放弃这三点原则。虽然人各有异,但我认为拥有自己的基本原则,才是真正内心强大的表现。这样的人即便遇到重大的失败,也能为自己创造一片安身之所——"只要回到这个原点就还能重新开始"。

025

不竞争,不争夺。

有这样一种说法：为了拿出成果、提高干劲，竞争是必要的。我认为这完全是无稽之谈。因为工作，不是为了比别人站在更有利的位置，而是为了把喜悦带给他人。倘若我在相互竞争的环境里工作，一定会果断地让位。我会说着"您先请"，然后后退一步。

026

常对自己投资。

为体验花钱。

不用贫穷的方法学习。

钱要用在丰富个人体验和感受上,这才算是为自己的投资。要带着给自己播下种子的意识使用金钱。给自己的投资有很多种,学习就是其中之一。这种时候,千万不要吝啬金钱。大家思考的都是"怎样经济实惠地学习英语",但真正要学习一件事,最快最直接的方式难道不该是毫不犹豫地花钱吗?

027

吃用心做的美味食物。

三餐每天都要吃,所以吃很重要。仅仅是吃东西,和为了吃美味的食物而努力大有不同。美味的食物,并非指高级料理。只有用心做的东西,才会让人感到美味。世上有各种各样的食物,若不讲究,什么都能吃。选择自己做的东西、家人做的东西、店家认真做的东西时,我们要懂得品味。

028

要顾及到四周。
不制造噪声,举止安静。

不穿"在地铁里显得招摇的服装",是我择衣的标准。这是我从单打独斗闯出一片天地的造型师那里学来的。奇装异服、花哨的衣服,即便对本人来说很好,也未必能融入周围的环境。将自己的这个存在融入世间,不给周围添麻烦,是一种礼貌。不制造噪声、举止安静,是为了用心融入世界。

029

重要的事写在信上。
勤于动笔。

自己真心想要传达的事、有求于人的事、想要道歉的事，我认为这些重要的事只有写在信纸上，才能传达诚意。勤于动笔吧。为了可以随时写信，用没有装饰的最普通的信纸和信封就好。收到明信片的话用明信片回，收到书信的话就用书信回。这虽是小事，也能体现出体谅对方的用心。收到明信片却回以书信，则会让对方过意不去。

030

培养上等的修养。
手不插入口袋。

材质好的东西,精心做出来的东西,不被流行左右、经典而优质的东西,这些并不等同于奢侈,也和一看就知道是高价的名牌不同。培养真正本质上的上等修养,既是对对方的礼貌,也可以说是表达了敬意。因此不要忘记,不管穿了多好的衣服,将手插入口袋的瞬间就全都白废了。

031

想要伙伴,先制造敌人。

想要真正的伙伴,就必须先明确地表述自己的意见。对你的意见自然会有认为"值得支持",和认为"完全不是那么回事"的人。想要得到全部人的赞同,并不现实。和与自己意见相符的人加深关系,不正是交流的本来目的吗?意见表述暧昧不清的人,虽不致树敌但也不会有朋友,只不过变得八面玲珑而已。

032

要了解,孤独是生而为人的条件。

孤独是人生存的条件之一。工作和生活上,都会有孤独感袭来的时刻,不可能从中逃脱。不仅如此,你愈想逃避,孤独的影子愈是会紧紧追随。倒不如坦然接受"人生来孤独"的事实,理解"孤独,正是我们活着的证明"。会这么想的人,也许才算是真正的成人。

033

常保持指尖和手的清洁。

要常保持指尖和手的清洁。无论是碰触东西，还是在工作，手都是非常重要的工具。握手、递东西,手作为交流的媒介,是不可或缺的工具。作为最活跃的工具，千万不要疏于对它的修剪和照料。

034

去思考,这样做会给他人带来幸福吗?

开始行动前,无论多小的事我都会自问:"这样会让他人幸福吗?"这个习惯很重要,并会反映在工作姿态中。日常的每分每秒,都要用来反问自己:"这样会让他人幸福吗?"将这个纳入日常的练习中吧。

035

每日,换个设想。

这样做会怎样,那样做会如何,即便现在觉得这样是正确的,也要试着改变设想。任何事的答案都不是唯一的。为了无论发生了什么都可以沉着应对,要去预先设想各种可能。面对一个计划,也要设想可能出现的各种情形,才能做到从容不迫。

036

任何东西都要修缮。

任何东西都有坏的一天。即便很小心使用,也无法改变这个事实。重要的是,一旦坏了,不马上扔掉,而是要有"一定要修好"的意识。钢笔也好,鞋子也好,衣服也罢,即便买新的更便宜,我也会选择修缮后继续用。丰富而专注的人生会就此生发。人与人之间的关系也是如此,因人生道路不同或者工作上的麻烦而产生裂痕,也要小心修复,这样才会构筑更深刻的关系。

037

不只关注中间,
也要看周围,
并去思考。

看一样事物,不要只看中心,也要顾及周围。比如说,感到"这咖啡好像很好喝"时,请看看周围。看周围,不是说要去研究冲泡方法和咖啡豆。咖啡的四周,指的是咖啡店的氛围、音乐,为你冲泡的人,端咖啡的人,一起喝的人。可能是因为周边环境的影响,本来普通的咖啡也会变得美味。理解一样事物时,要综合事物的中心和周边,一同思考。

038

与其读一百本书,
不如把一本好书读一百遍。

一本一本地积累数字,说着"我读过这么多书"的时候,到底学到了什么?我感觉留下的只不过是"读了一百本书"的记录而已。还不如找到好书,反复读一百遍。从"即便读了一百遍,也会有新发现"的好书那里,可以学习到很多东西。这和人际关系同理。比起交往一百个人,倒不如和一个真正喜欢的人交往,更能了解自己和对方的本质。

039

在自己擅长的领域深入下去,
不断磨炼、挑战。

谁都有一两件擅长的事情。找出它们吧。深入学习和练习,使之更为精湛。为了变得更加擅长,而去挑战吧。这样才能培养出"个人专长"。

040

不为自己设限。

是谁让你萌生"已经没办法了"的感觉?我想,多半是自己吧。当然凡事总有极限,比如环境不允许、物理上办不到、时间不够等,但是,在到达真正的极限前,往往是自己先设限。即便认为"已经很努力了",也有可以更深入的空间。只要不抱着"算了,就这样吧"的心态,就能向更深更远的地方冒险。

041

贯彻自己的意图。

没有必要凡事都彰显自我的存在。或者说,退一步海阔天空的情况更多。但在自己的意图上则另当别论。坚信的事情、认准的事情,无论发生什么都要贯彻始终。因为这是深思熟虑过的自己的"意志",就不能那么容易动摇了。这从某种意义上,也是对自己负责。

042

始终保持坦诚,决不遗失初心。

不管积累多少经验、变得多么聪明,都应该保持坦诚。决不从于习惯,也不忘初心。这是持续成长的秘诀。在确保坦诚并不忘初心的同时,仍能贯彻自己的意图。我认为这才最好。

043

关键时刻不怯场的勇气。

总是大放厥词、卖弄勇气是很辛苦的，也会招致旁人的厌烦。但在"就是现在"的关键时刻，万万不可犹豫。不要害羞或者不好意思，拿出前进一步的勇气，拿出举手的勇气。特别是在工作上，只要下定决心不怯场，勇气自然就涌现了。原先觉得"说出来多不好意思"的话也能说出来、写出来。在重要的事情上，不能没有无视周围一切的勇气。

044

承蒙他人好意时就不要顾虑,
坦率地接受好意,给足面子。

和年长的人来往,有时对方会请吃饭。总是说"不用了,不用了",过分推辞也是让对方没面子的行为。去了高级的店,却只点些便宜的东西,反而很失礼。一旦决定承蒙好意了,就不要有顾虑。这也是必要的礼貌。承蒙好意,坦率接受,有顾虑就干脆拒绝,不要含糊不清。这点不仅限于他人请吃饭时,更是与年长的人来往的铁律。

045

有意识地使用美而恭敬的措辞。

不管是乘出租车,还是与孩子相处,都要有意识地用美而恭敬的语言。措辞真的很重要。我偶尔会遇到说话过于恭敬的人,但不会因此生厌。语言会成为人性格的一部分。即便是结结巴巴地,也要漂亮地说出敬语,这样的人能将他的认真传达给他人。

046

不随便对待钱包。
不把钱包放在低处。

钱包里装着钱这个重要的朋友,所以不能被随便对待。回家后,不要把钱包放在低处,而应该放在与家人的照片或纪念品相同的地方,或是像"要装饰自己重要的东西,就在这里""自己庆幸拥有的东西,放在这个能看到的位置"之类的地方。这体现了对钱的重视。

047

任何事物,
都当作重要的朋友接待。

对一支圆珠笔、一个包、一本书,都是如此。对自己身边的东西,都要当作是自己重要的朋友,认真对待。认真对待了,便会明白己所不欲而不施于物,自然就粗暴不起来了。

048

他人的话、社会的声音，要认真聆听。

不管多忙,认真倾听的能力很重要。虽然常被这样说,但如果只是听人说话,做一个单纯的接受者,不能算是积极的姿态。不只是耳朵听,还要提出问题,用心做更好的聆听者。因为对方是特意说给自己听的,所以要听到对方把话说完为止。对社会的声音也该如此,保有好奇心,深入倾听。

049

不断思考如何成为他人愿意共处的人。

成为他人愿意见到的人,也就是说他人在想到自己时,会觉得"见到这人就很高兴,也有好处"。无论在工作还是私交中,想要被他人重视的最好方法,便是让对方有所得。别人想到"和那个人一同做事可以赚钱""那个人会给我有利的条件"或者"一见到那个人就会有精神",也没什么不好吧。常常让对方感受到你的恩惠,当自己有求于人时,自然也会得到帮助。

050

不问年龄,所遇者皆是我师。

遇见的人，都能教给我东西。说自己坏话的人、否定自己的人，即使是这样的人，也一定有值得教给自己的东西，是值得感谢的老师。很多年龄比自己小、看上去对自己没什么帮助的人，其实有很多可以学习的地方。"讨厌见到的人"谁都会有，但想到"可以教给自己东西"，会变得稍微愉快些。

051

模仿、学习、赞扬尊敬的人。

有值得尊敬的人很重要,懂得模仿尊敬的人则更重要。模仿,即是学习。在模仿的过程中,虽无自己的原创性,但可以获得新的方法和视野。赞扬尊敬的人也很重要。要经常把赞美挂在嘴边。这是对于让自己学到东西的谢礼,同时也是表达感恩的心情。

052

成为连接人与人的桥梁。

在日常生活与工作中,要常把自己作为一个网络的核心来考虑。"把这两个人联系起来,一定会产生新的火花。"要播种这样的际遇种子,种子必然会发芽开花。不要抱住自己的人脉不放。和更多的人分享,会带来新的人脉。

053

知晓各领域的最好和最坏。

想要深刻理解一样事物,就要知道它的最好和最坏。比如想了解酒店,一流的和平价的酒店就都要住一下。想理解食物,不要只吃美味的,也要尝尝并不那么好吃的食物。这样做并不是为了赞扬好的,贬低差的,而是获得"啊,这就是三百日元的味道啊。但既然很受欢迎,想必也有需求吧"之类的体会。学到这点是重要的。

054

重视朋友。

任何时候朋友都很重要。在工作上,朋友也是不可或缺的精神支柱。"重视家人"作为珍重朋友的前提,自不必赘述。但在某些困难的时刻,比起家人,可能是朋友更能帮上忙。因为家人是命运共同体。自己沉没的时候,家人也会跟着沉没。这时候,最值得依靠的果然还是朋友。

055

不要根据价格评判"贵"或"便宜"。

不要养成根据价格来判断物品价值的习惯。贵的物品自有贵的理由,便宜的物品也会有便宜的理由。在店里问东西的价格,说着"唉,好贵啊"是很失礼的态度。在物品便宜的店里,说着"啊,很便宜很便宜",也感觉有些没品。

056

认真听他人讲话,
持续、深入倾听。

认真听他人讲话,是很重要的事。不仅要认真听,还要"持续听"。不仅要踏实地听进去,为了引出话题的前因后果、话中更深的内容,还要学会提问。提问不要咄咄逼人,而是要自然地引出话来,这是为了让对方话题继续的手段。认真听人讲话,就能打开他人的内心。

057

一周买一次花。

一周买一次花。这不是规定,而是一种乐趣。"郁金香要出来了吧?""现在最漂亮的花是什么呢?"感知季节,对工作和生活来说都不可或缺。我很重视在生活中摆放有生命而美丽的东西,并且爱惜它们。

058

两周剪一次头发。

我每两周剪一次头发来整理仪容。不是因为头发长了而剪,而是在长之前剪。这样说可能有点极端,但这是我自己的思考方式。用理发店的话来说,"理发"是指"整顿容姿"。我平时不花钱吹整发型,而是两周一次,把这些省下的钱用以整理容姿。

059

一年四次,
享用当季美食。

春夏秋冬,享用当季美食。这样也就是一年有四次,可以和家人一起接触自然的机会。日本料理,特别让人有季节之感。偶尔奢侈一下,去吃特别美味的食物,也是一种对自己的投资。每季一次的美食,是对自己的奖励。

060

无论发生什么都不放弃。

没有必要全身心都散发出"绝不放弃"的气势，只要安静地守护着这"不放弃"的火苗就可以。即便周围的人都认为你已经放弃了，也继续坚持思考吧。不管遇到什么挫折，一定都有解决的方法。这个方法，着急是找不到的，但只要坚持下去，一定会等到机会的到来。

061

持续思考何为美。

对于姿势、举止甚至衣食住行,都要思考"这样美吗"。着手的工作完成之后,也要考虑"这样美吗"。完成前的工作姿态美吗?状态美吗?反复地、不断地思考。

062

不买就什么也学不到,
想知道的事要花大钱。

真正想知道的事,只能花钱。比如说想知道背一百万日元的包是什么感觉,这样的包是什么构造,为什么值一百万,就只有自己花钱买一个。这样获得的不仅是一个包,还有价值一百万日元的资讯,即便失败了也是一种学习。有些经验必须自己"花钱买来",而不是去问拥有它们的人。

063

不靠近免费的东西。

不靠近免费的东西。即便听到免费送也要拒绝。积分卡之类的,也要回避。冷静思考以"用卡的话,有百分之××的折扣"为代价,自己交出了多少个人信息。可能自己交出的东西更有价值。要记得这个世界上没有免费的大餐。

064

恰如其分地交际,
不做八面玲珑的人。

一定程度的社交是必要的。但是,在各种场合里都露脸没有必要。太过重视人际交往,只会妨碍自己完成本该做的事情。不要去在意那些宽泛而肤浅的人际关系,你并非在"收集"认识的人,试着构筑自己货真价实的人脉吧。所谓人脉,是与因相互需要而聚到一起的人所构筑的牢固的信赖关系。

065

重视家人,

一年扫墓六次。

因为亲近，所以有所疏忽。最容易被牺牲的就是家人。但家人若被草率对待，什么都不会顺利。不要忘记正是有家人的存在，才有自己。无关宗教，去扫墓吧。盂兰盆节、春分、忌日自不必说，即便是没什么缘由的日子，也可以出行。正因为有先人的存在，才有了家人和自己，当然值得感谢和尊敬。扫墓让人生变得丰盛，不要以太忙为借口，去扫墓吧。

066

桌上什么都不放,
从一张白纸的状态开始工作。

为了桌子上什么也不放,好好整理、整顿。从桌子上的一张白纸的状态,开始每天的工作。每天清零,将自己变成白纸的状态开始。工作不是处理眼前的事情,而是自己发现问题,去解决它。这是所谓"思索"的日课。不要让台历、画等多余的东西进入视线,保持简单干净很重要。请重视那些当白纸放在面前时浮现出的想法。

067

书是用来读的，不是装饰品。
读了就可以处理掉。

我没有"藏书"的意识。没有把书装饰在书架上、将应该读的书库存起来、成系统地收集的概念。书就是用来读的。读完了,它的使命就结束了。没有什么特别的事的话,读完后就马上处理掉。或是送人,或是捐赠,有很多处理途径。这是为了不让东西增多的思考方式。

068

珍惜、享受、体味独处的时间。

无论工作还是生活，我们都处在和他人的关联之中。正因为一直和他人产生关联，如果没有自己的时间，会积累相当大的压力。在工作的间隙，拿出五分钟来给自己发呆。下班的路上，一个人独处。有意识地创造自己的时间吧。在咖啡店里喝茶，呼吸外面的空气，散步。享受独处的时间，品味自己的时间，既对保持心灵的平衡有益，也能重整自身。

069

推进"自我项目"。

"自我项目"是不对他人说,在自己内部进行的。即便是很小的事情也可以,拥有许多自我项目的人,每天会过得更充实。如果只是藏在脑子里容易忘记,就写下来吧。写下后,从容易的部分开始执行。拥有他人无法管理的项目,是多么充实丰富的一件事,我想你一定会有切身感受。

070

楼梯是一级级向上爬的。

不着急，不抄近路。所有的事情，都需经过必要的程序和时间。越过一级台阶快速地跳上去，不会有好处。不管多么着急，都要一级级地步上台阶。一口气跳上去，一定会发生不好的事，得回头重来。当信号灯灭的时候，即使看上去像是可以走的样子，也别急着动身，我希望能培养从容不迫的态度。

071

享受麻烦。

作为人，自然会有觉得"那事真麻烦"的时候。但正是在麻烦的事中，才隐藏着乐趣，隐藏着事物的本质。觉得麻烦不想做，拜托他人，或是因厌恶而敷衍了事，实在很可惜。不如享受麻烦，细细品味吧。秘诀在于不把"麻烦"挂在嘴边。一旦说出口，很多事情都会被破坏。

072

思考的事情、想法,都写在纸上。

有什么浮现在头脑中时，请写在纸上。笔记本、便签纸、餐巾纸、收款条的背面，不拘泥于什么纸，总之养成写下来的习惯吧。即便自信凭头脑可以记住的事，其实也会忘记。灵机一动想到的事，不知道什么时候会做，就会像不见的东西，愈想找愈是找不到。好的点子也是在你不刻意寻找的时候浮现的。为了让答案能随时降临，先养成书写的习惯吧。

073

不惧怕失败,
做好"失败笔记"。

因为每天都在挑战,自然每天都有失败。即便凡事进展不顺,也不要闷闷不乐,因为失败也会成为经验。比起成功,失败更能带来有用的信息,说不定会在今后产生作用。要带着凡事都有可能失败的觉悟面临挑战。另外,做好"失败笔记",正是通过书写这一行为对自己的心绪进行整理,才可以安心地、不受打击地解决问题。

074

不使用"绝对""普遍"这样的词。

"绝对""普遍"这样的词,尽量不去使用。因为既不存在绝对的事,也不存在对谁来说都是普遍的事。这些一不留神就会使用的词,特别需要克制自己说出口。与他人意见对立、无法认同时,试着从"对方所言正确"的角度思考,以此作为说服自己的妥协点。能够以"不懂的是自己,对方是正确的"的态度让步,会让事物大步向前迈进。

075

以 1, 2, 3 的节奏, 如此反复。

无论在生活还是工作、短期还是长期的事情中，都形成自己的节奏吧。比如以"1, 2, 3"的形式重复。1是挑战，2是前进，3是达成，到达这个阶段后，就向下一个1，也就是新的挑战迈进。事情奄奄一息地持续着又不顺利的时候，就是节奏被打乱的证据。这时回到出发点，按照顺序迈进吧。这是保持自己的新鲜度，回到初心的秘诀。

076

走路时,
端正姿势,
挥动双手,
抬头挺胸。

一直用良好的姿势走路吧。挥动双手，挺胸，抬头。走路的方式、站立的姿势，会在自己生活和工作的方方面面中表现出来。拥有良好的姿势、干脆利落的仪态，会让人拥有自信。这在思考方式和与人的交往中也会发挥作用。始终带着有人看着的意识走路，姿势自然就会变得漂亮起来。虽然没有必要自我意识过剩，但这是非常有效的方法。

077

想要得到别人的帮助,
请先学会付出。

有求于人时，先学会付出。自己不先给予的话，期望也不会得到回应。只要做让对方高兴的事，基本上都会实现自己所愿，这是我在国外学到的道理。做让对方高兴的事，并不限于物质和条件，只是单纯的问候或者笑脸也很好。首先，我们要付出点什么以满足对方的情感需求，这不仅是让对方乐意帮助自己的秘诀，也是和人交往的第一步。

078

不做温柔的人,
也不做冷漠的人。

成为"真正温柔的人"很难,但只是被称赞温柔很容易。不考虑事实、不计后果,一味迎合对方,说些权宜之计的场面话,这种限于特定场合的一时温柔,谁都能做到。但在这种温柔的关系中,什么也不会孕育而生。我并不是告诉你要变得冷酷无情或坏心眼,只是想强调,要想承担责任、有所达成的话,就需要不靠温柔蒙混过关的坚强。

079

爱是给予对方施展的空间。
相爱是让双方都有这样的自由。

爱就是给予对方施展的空间,而相爱则是让双方都有这样的自由。温柔不等于爱。无论怀着怎样的善意,只要想让对方按照自己的意思而改变,就不是爱。爱,是让对方在与自己的关系中尽情舒展翅膀,让对方将这以可能性为名的翅膀伸展到更远方。以爱为名支配对方,是最可怕、虚假的爱。

080

学习历史,并从历史中学习。

历史是人类行为的集合。历史上有很多成功与失败的珍贵例子。可以说再也没有什么像历史这样丰富的教科书了。迷惑时、烦恼时,学习历史就能重新振作。去深刻理解"原来有过这样的失败,有过这样的成功",并作为自己的参考。学习江户人的历史,发现他们是与自己一样有着欣喜悲愁的人,就会觉得高兴。这样的细节,可以说是从历史学习中获得的欣喜回味。

081

不交抱双臂或跷二郎腿。
留意坐姿。

要随时注意坐的姿势。跷二郎腿,双臂交抱在一起,在人前是很失礼的。会无意识地交叉手或脚的人,最好将其作为礼貌问题改过来。这些动作或许在欧美很普遍,但日本并没有这样的习惯。散漫地伸脚或者姿势差都不行,更不用说靠在椅背上跷起二郎腿了。

082

不把"没有钱""没有时间"放在嘴上。

经常会有钱不够、时间不够的情况,但不要把这样的话说出口。在忍不住要说的时候,要强行咽回去。我觉得这些话无论如何都不该说出口。因为在有限的时间和金钱内推进事物的前进,是自己的责任。两者都不够的原因,说不定在于自己的生活态度。如果将其归咎为"社会的错,世人的错",那你永远都不会有够用的时间和金钱了。

083

迷失的时候,选择更艰辛的那条路。

我们每天都会面临无数的抉择。因此,每天都会有困惑和烦恼。在不知道选什么好的时候,就选择艰辛的那条路吧。因为这样不管是对是错,都会更集中精力去做,会变得更加慎重、更加仔细地准备。从结果上来说,也会学习到更多东西,更容易获得成功。相反,选择轻松的一条路,则不仅没有紧张感,也会所学甚少。

084

尝试逆向思考。

只从一个方向思考，必然会走入死胡同。总找不到答案的时候，就从相反的方向来思考吧。比如本来想短期完成的事，如果多花点时间会怎样？如果自己是上司，试着站在下属的立场想想。要有箭头不止指向一方的意识。舍弃"我才是对的"的僵硬思路，让想法保持弹性吧。

085

懂得刹车,

比会加速和操控方向盘更重要。

驾驶车辆与驾驭人生类似。人们难免会很在意转弯与加速的时刻,但对于最重要的刹车,不擅长的人却很多,在工作和生活中也有很多人不懂刹车。但是,能成为F1赛车手的人都很擅长刹车。只注重飞跃、握紧方向盘不放的人,总有一天会出事故。不管是驾车还是人生,为了避免失控,在适当的时机勇于刹车很重要。

086

随时调整平衡,
心系协调之美。

在食物、运动量和与人的交往等方面,不偏倚是很重要的。前几天吃多了,今天就控制一下,吃简单的食物。运动不足的话就做做运动。太过注重工作的话,就稍作休息。应酬太多,就制造点独处的时间。放任欲望,只顾将眼前的事物过分摄入的状态是不行的。调整平衡,保持稳定且不停止地前行是铁律。

087

播种、浇水、培育、收获，
做个农夫。

人有两种类型：一种是外出寻觅，捕捉现成的事物的猎人；一种是在自己的土地上播种、浇水、培育并收获的农夫。我并不是说这两种类型孰优孰劣，只是希望自己是个农夫，在人生最合适的时期，以自己最舒服的节奏，循环往复地经历从播种到收获的过程。

088

永远提前 15 分钟。

"凡事提前15分钟""总是提前15分钟"是我的守则。提前15分钟到达碰头的地方,提前15分钟到达会议处,经常保持这样的意识吧。提前整理好心情,进入准备状态,是提前15分钟的意义。

089

不要忘记传达感想。

经常有他人为自己做了什么、给予了自己什么的情况发生。对于他人的好意,不能以简单的一句"谢谢"了事。接受了什么的时候,一定要将感受传达给他人。这样对方也会很高兴。简单来说,吃到别人的点心时不能只是说声"谢谢",而是要品尝后传达"原来是这种好味道"的感想。这是人际之间重要的交流。

090

不谈论不在场的人。

谈论不在场的人，完全没有意义。在人后散播传言或消极的话自不必说。就算是没有什么特别的近况或是表扬，也没有必要在人后说。在人后谈论人，确实很容易成为话题，但为了避免不必要的误解，还是慎重些为好。

091

是生活而不是工作,
让我们之所以为人。

我不想成为除了工作什么都没有的人。我希望即便没有工作,也能够享受生活。生活,是令工作活跃的舞台。如果变成"虽然很优秀,但假日碰面却被发现很无趣"的工作狂,是多么寂寞的事啊。

092

清洁感比时髦更重要。
服装表达着对他人的敬意。

服装,是对他人敬意的表达。正因如此,清洁感比时髦更重要。穿着不能仅仅自我满足地感到时髦就好了。与其追逐各种流行,用心塑造清爽的感觉吧。与人会谈,穿T恤等过于随便的衣服很失礼。即便对方比自己年幼,也要考虑穿得郑重些去见面。

093

宁做失败者,不做弱者。

所谓弱者,是必须依存他人、受保护才能生存的人。比如没有被裁员,却还依存于公司,就是弱者。而失败者,指的是那些不管经历怎样的失败,也能依靠自己的力量重新站起来,有勇气再决胜负的人。失败者终有迎来机会的一天,弱者却没有未来。

094

对厕所也要致谢。凡事都心存感激。

试着对任何事物都说"谢谢"吧。对貌似理所当然的事情也表示感谢。我清晨上个厕所,也会嘟囔声"谢谢"。因为只有身体健康运作才能顺利排尿。感谢干净的厕所,感谢自己的健康。感谢之情会自然浮现。就连剪指甲时,想到"指甲长出来了,这说明自己在活着,非常健康"也会充满感激。

095

不断思考如何能做得更好。

深入思考后，尽可能付诸行动，事情就会有大致的轮廓。但那不是目标，而只是开始。事情大致完成后，要考虑如何做得更好的各种方法。在"做完了"的瞬间，不要中断对这件事的关注，而是执着于如何做得更好。深入思考是进步的钥匙。

096

身边若有东西增加一件,
就想办法减去一件。

书、服装、家居、文具、装饰品,身边若有什么增加了一件,就想办法减去一件。预想自己的承受量,不让物品在没有准备的情况下增加。每个人都有适合自身、能维持平衡的物品总量。有时东西会不明所以地增加,这时更应保持"减少些什么"的习惯。

097

在寝具和家具上花钱不吝啬。

一日中,有近三分之一的时间在睡眠中度过。一生中也是如此。既然要花费那么多时间在睡眠上,寝具必须质量上乘。这也是对自己的投资。床单、枕头、床,都要在能力范围内选择最上等的。家具要选择那些能成为自己的财产,一生都可以边修整边使用的。愈是不会示人的东西愈要用得好,这会令我们的心灵更加丰富。

098

为能说三种语言而努力。

这是对我来说必须做到的事,是重要的"自我项目"。能和外国人直接交流,是很了不起的。虽然达到能够自由会话很困难,但是否抱有这样的目标,非常不一样。将母语也算在内,我希望能会日语、英语和汉语。对于年轻人来说,这更是不可或缺的"自我项目"。

099

与时间做朋友。
做被时间喜欢的工作,
过被时间喜欢的生活。

金钱、工具、身边的物品,和所有这些东西建立像朋友一样的关系很重要。其中,我特别想和时间友好相处。时时记得要做被时间喜欢的工作,过被时间喜欢的生活。你与时间,不是追赶与被追赶的关系,而是在一起,平稳地度过每一日。时间并非物品,眼睛看不见,但自己如何生存,与和时间的交往方式息息相关。

100

时常更新自己的"基本"。

有自己的基本是重要的事。不要模糊地想,而是要切实地付诸语言。另外,基本并不意味着没有变化。人是一直都在变化的,明天的自己和今天的也将不同。在变化中寻找适合自己的、让自己更好的基本,并保持更新。不局限于昨日的自己,不怕矛盾,向前进。保持可以令形式及习惯反复的弹性和勇气。

100 Basics

Basic Notebook of COW BOOKS

COW BOOKS 的 "100 个基本"

以我们眼中的"自由"为核心而成立的"COW BOOKS"书店,至今已有10年历史。

从开店之初,我都在和书店的工作人员们认真探讨如何经营书店,要守护什么、重视什么、每个人该如何做、如何培养书店成长、书店的目的是什么。我想,书店的持续经营,需要全体人员的齐心努力。

为此,我将相当于店规的"基本",一项项选择出来,做了清单。基本的事情,意味着做到这些事为理所当然,这点要牢记在心。除了需要做的事,我还根据一些过往的失败教训,制定出新规定,最终形成COW BOOKS的"100个基本"。

书店每天有很多例行工作,所以当有很重要的、想做的事,即便时时记挂心上,也会因为限于眼前有更紧迫的工作而没法做成。但支持着这些例行工作的究竟是什么，我们一直在探讨。

在COW BOOKS将满10年的时候，我用清单形式列出COW BOOKS的"100个基本"，重新测试了书店全员。每个人对照这100个项目，明确分出做到和没做到的，这样就能看出哪些项目是大家都做到了的。经过10年的努力，我认为如果100条里，有一半同事都做到，就很好了。大家认为会有多少做到了呢？

我提供5名工作人员的检查结果作为参考：

店员A做到17条，没做到83条；店员B做到60条，没做到40条；店员C做到43条，没做到57条；店员D做到40条，没做到60条；店员E做到19条，没做到81条。顺便一提，店员E是仅工作1个月的新人。

另外，这5名工作人员共同做到的项目，在100条里仅有2条。是"绝不从正在浏览书架的客人面前横越"及"双手递交客人购买的商品"。

多么令人意外啊。这个结果让大家都沉默了。但这正是我们COW BOOKS的现实写照，只能接受。另外，我深深地感到，在10年的节点上知道了这一点，制作出COW BOOKS的"100个基本"，真是太好了。

现在，在即将迎来新阶段之际，每个人都在COW BOOKS的"100个基本"中，针对做到的项目继续磨炼，对于没有做到的事情，纳入到每日的工作目标中，进行着自我管理。当然，COW BOOKS的"100个基本"，也会随着时间变化而继续更新。

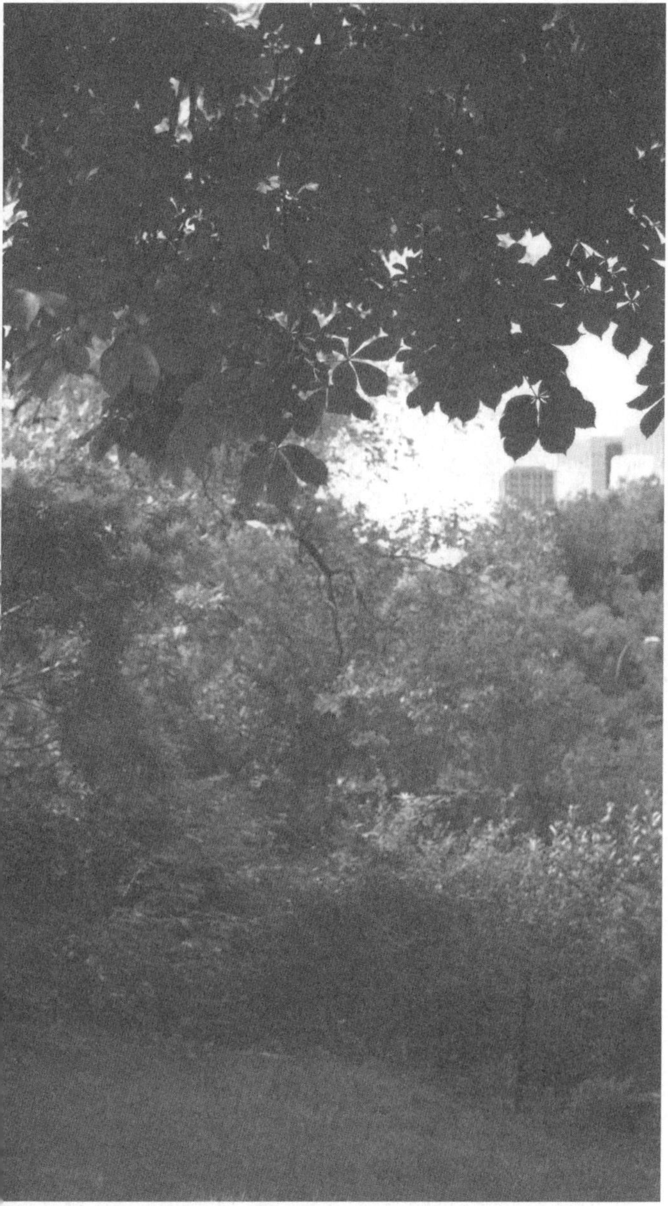

001

学会让客人开心的问候方式。

无论对谁,问候都是护身符。在书店里工作更是如此。重点是要学会让客人开心的问候方式。不要只是大声地说"你好——""欢迎光临——"就了事,而要加入自己的思考、感受与判断,分别"对每一个客人做让他们感到舒服的问候"。认真体会打招呼的时机和声音大小,将"擅长打招呼"作为目标吧。

002

同事之间练习问候、笑容。

打招呼，正是因为谁都会做才困难。在同事之间多多练习吧。练习"欢迎光临""谢谢"的发声方式和笑容，相互监督是否做好了。即使本人觉得好好说出来了，但对方听得并不清楚，那就要认真做发声和说话方式的练习。"欢迎光临——"尾音拖长的毛病，也要相互提醒改正。

003

任何时候笑容必不可少。
露齿而笑吧。

笑容，会制造出良好氛围，但仅限于发自内心露出笑容的时候。脸上有没有带着"佯装微笑"的表情呢？明明在笑着，他人看来却未必如此的情况很多。迎接客人时，露出牙齿，发自内心地微笑吧。同事之间也要相互确认，是否都在展现最棒的笑容。相互鼓励"今天的笑容很棒哦"，展现真心的笑容吧。

004

一天数次整理仪容,
注意是否衣冠不整。

仪容,是最基本的礼貌。只是早上穿戴齐整是不够的。为了保持下去,一天要数次整理。头发、脸、手、衣服、鞋子,每天都要数次确认有没有不整洁、给人不快感觉的地方。在镜子前将自己的姿态调整好后,再出现在客人面前吧。这是最理所当然,却绝不能忘的重要基本。

005

早上一定要沐浴，保持清爽。

即便晚上已经泡过澡了，早上也要沐浴后上班。这是为了保持清洁感的基本守则。早上的沐浴，不仅会洗掉睡乱的头发、睡觉出的汗及体臭等，也会将一脸倦容和懒散的状态冲洗干净。只要有一个人带着刚起床的、昏昏沉沉的感觉上班，店内气氛就会变得浑浊。不要将刚起床的模式，带入即将展开新一天的工作场合。

006

不留指甲,
保持指尖干净。

收银、包装、接收与递出商品,客人的目光很容易触及指尖。说得更确切些,看到最多的就是店员的指甲。指甲脏不仅失礼,乱七八糟、很显眼的话也会带来不愉快的感觉。常常修剪,保持干净吧。即使是女性,也不留指甲。即便是男性,也给指尖涂点护手霜。另外,同事间要相互检查,确认指尖洁净。

007

自由着装。
但禁止穿随便、不洁的衣服。

"因为没有制服所以想穿什么随便""时尚就是自我表现",这样想就大错特错了。所谓自由,指的是每个人进行自我管理。什么是适合工作的服装,请自己判断。但禁止穿热裤、凉鞋加T恤这种随便的着装。不干净的着装更是在讨论范围之外。不论男女,都要保持干净,穿像样的、有领子的衣服。践踏了这个基本原则的话,就会改变书店的氛围。

008

一个月剪一次头发。

任其留长的头发,没法带来整齐的仪容。即便是扎起来,长了几个月的头发,也不是工作的人该有的形象。养成一个月必剪一次头发的习惯吧。

009

同事间相互提醒工作的方式。

"相互观察工作方法,如果发现他人工作方式造成了障碍,要清楚地说出来",这是COW BOOKS的基本。和对方是前辈还是后辈没有关系。不管多小的细节都不要放过。即便是很难说出口的事,也要切实传达。手脏了、头发长了、工作态度懒散、没有干劲的时候,只有相互提醒才能进步。愈是熟悉工作的老手,愈是需要接受有紧张感的新人检验。

010

在客人面前绝不聊天。

说悄悄话可恶至极，即便是说跟工作有关的事，也不被允许。无论如何都必须遵守不在客人面前聊天的"基本"。自顾自聊天，就等于无视客人。在店内就将全部的精力集中到客人身上吧。观察他们现在想干什么、需要什么，在客人提出需求前来到他们身边。如果全身心关注这件事，就根本没有任何说闲话的时间。

011

比起响起的电话,
优先接待眼前的客人。

接待客人时电话响起,也不能马上离开。就算店里只有一个,先去接电话而把眼前的客人晾在一边,也很奇怪。边打电话边单手递过去找零,更是失礼至极。电话响起可以先放一放。如果太吵就挂断一下。当然,不在工作中带个人的手机也是理所当然的事。

012

对待书像对待宝石一般。
注意书的放置方式、触摸方式、拿握方式。

只有一百日元的书也是宝贝。因为是自己选择、希望客人喜欢的书，当然需要珍惜对待。放置的方式、拿的方式，都要很小心，像对待贵重的宝石那样。不用爱书的态度对待书，就是对客人的不诚实。不粗暴地放置，不胡乱堆积，不忘记"拜书所赐才有了这份工作，才得到收入"的感激之心。

013

工作时,记得客人正看着我们。

一家店,对工作人员来说就如同舞台,而客人就是特意前来的观众。你如何努力工作,如何守护重要的东西,都会被客人收入眼底。不要忘记自己不只是在贩卖商品,更是在学习和成长,这种工作姿态正被客人看着。有了"客人在看着我们"的意识,自然就能抬头挺胸。

014

弯腰低头鞠躬,
不要只动头和下巴。

打招呼,只靠语言是无法实现的。必须有笑容,加上全身的表现,才能称为真正的问候。不要以一句"欢迎光临"就了事。只是动动头和下巴,不能称为真正的鞠躬。要切实地弯下腰、深深地低头鞠躬。一次次地,满怀感谢之情,用全身心认真地打招呼,这样才会慢慢地让客人感受到本店与其他书店不同。

015

反应要明快,
回答要用心。

无论是客人问话还是同事间交流,任何时刻,都要清楚明确地作答。我希望大家能一直记住,答复要让对方能听见,要明快。并且,要用心思考"别人得到怎样的答复时会高兴"。

016

随时思考自己能为客人提供什么。

对来店的客人，在"自己能给予什么""能让他们得到怎样的欢喜"上不遗余力。让他们感受到"顺路经过这里太好了""这样连续几天都会心情很好"，将这份愉悦作为礼物带给客人。什么也不买的客人，也要让他们带着愉快的心情回去。让人愉悦也是自己的快乐，所以思考"怎样才能让客人高兴"也是件愉快的事。

017

看不见的地方也要好好打扫。
活用确认清单。

从早到晚都要打扫，有空的时候就打扫。总之，一直保持打扫的状态。看得到的地方，可以边工作边打扫。看不见的地方，在开店前的一个小时和关店后的三十分钟，挥汗好好打扫。看不见的地方很容易被忽略，经常查看清单的话就能避免这点。为了使店内一尘不染，需要每天花时间充分磨炼。这样的努力会带来自信，所以要精心打扫。

018

每次使用厕所后都认真打扫。
保持马桶盖关闭状态。

每天都请想一想,要变得更干净,怎么做才好?特别是厕所,每次用完后都要打扫一下。在客人用后要打扫,店员自己用完出来前也要打扫。关上马桶盖,是对下一个使用的人的体贴,是不暴露马桶的关怀。用心打扫厕所,让厕所保持"刚刚打扫完"的状态,这是基本原则。

019

干净的地方,
让它更干净。

让干净的地方更干净，是 COW BOOKS 的打扫方式。木头书架，愈擦拭就愈能显示出它的光彩。不锈钢的柜台，只要留下手印，就要考虑"这里是不是用洗涤剂洗比较好"。每天用心打扫，就能提升干净的境界。以最高境界的干净为目标，用心磨炼吧。连谁都看不到地方都干净的话，店内的空气也会变得清新。

020

常整理柜台和置物柜。

书店不是个人的家或你的房间,即使一个抽屉也是大家的公有物。为了能让下一个人心情愉快地使用,要经常整理干净。"个人独创的整理法""随意收纳"都是不允许的。要整理成大家都知道打开哪儿能找到什么的状态。为了使用更顺手而改变物品摆放位置时,要让全员知晓。

021

不积攒垃圾,
经常清理。

垃圾箱是暂时"扔"垃圾，而不是"积攒"垃圾的地方。垃圾箱里堆满垃圾是不可想象的。不要想着"一天结束后再扔掉就可以"，而是堆积起来了就要处理掉。不，应该是要在堆积之前处理掉。工作中，稍微有点空闲的时候，就把垃圾箱内的垃圾集中到垃圾袋吧。只是顺手的一件小事，就会让工作的心情更愉快。

022

常观察客人,
第一时间找出客人的需求。

对待客人时，要发挥心灵感应。"不好意思，有××吗？""请帮我××"，在客人提出这样的要求之前，就应感受到他们的愿望。最理想的是在客人要说出口的瞬间，你已经开始动身找了。为此要经常观察客人。即便客人什么也没说，你因为一直看着而能接收到他们的心思，这样的事并不罕见。如果想为了能与客人有心灵感应而努力，就知道根本没有发呆的时间。

023

有客人在店的时候不坐着，要站立。以接待客人为优先。

这是重要的准则。收银台里有可以坐的凳子,但即使店内只有一位客人,也一定要站立,保持待机状态,这是COW BOOKS的基本原则。有客人在的时候做整理发票等工作,也绝不允许。无论有什么事,都要以待客为先。

024

一天洗几次手,保持干净。

洗手可以让人焕然一新。用肥皂和水洗净的，不只是双手。工作中会有让人烦躁和讨厌的事情，也总会有心情不佳的时候吧？洗手的话，会冲走郁积的情绪。一天中多洗几次手吧。看到同事在无趣发呆，或是露出困倦表情的时候，也提醒他"去洗个手吧"。

025

不和客人过分亲昵。

客人中即便有打过多次照面、相互了解脾性的熟人,作为书店的工作人员,也不能与之成为朋友。年轻的同龄人会在不知不觉中变得关系很好,但也不能过分亲呢。一定要使用敬语,不忘礼节。"变得亲近"和"变成朋友"之间,有一条界线,注意绝不能越界。这才是专业的体现。

026

为简单的一句"谢谢"加点料。

送客人的时候,不是简单地说句"谢谢"就结束,试着增加点话语:"远道而来真是谢谢了""希望您再来""下雨天请当心"等。不照本宣科,而是加上自己想到的语言,思考对每一个客人要怎样表达谢意才好。向他们传达"我没有忽视您,您是重要的客人"的心情。

027

称赞客人的优点,
令他们开心。

要总是带着"寻找对方优点"的心情，找出客人的闪光点并赞扬他们，这也是一种训练。客人的着装、发型、携带的物品等，甚至只是这个人带来的氛围也可以。只要找出一点"今天很棒哦"的地方，就会让客人感到高兴。在任何职业中，令他人愉悦都是很重要的工作。

028

凡事注意提前 15 分钟。

书店12点开门的话,工作就要从11点开始。这是为了提前1个小时开始打扫。但是如果11点来店,就不能准时在11点开始打扫。因此要再提前15分钟,保证准时开始工作。10点开会的话,要提前15分钟到。任何事情提前15分钟的话,就算前一项工作的结束时间稍稍延后了,也不会因此在规定时间迟到。

029

不在店内发出干扰客人的响声。

放下重物的咕咚声也好，给货物打包时拉宽胶带的声音也罢，店内不管有什么样的事，都绝不能发出干扰客人的响声。"因为我在工作，所以没办法"，这种借口行不通。就算只有一位客人在场，也尽量注意不发出声音。会出声响的工作，留在谁都不在时，或是谁也听不到的后院进行。

030

注意体味,
保持店内气味清新。

这是个敏感的话题,所以更要注意。体味因人而异,有的人会更强烈些。但不能归咎为"体质问题"而不去想办法。要采取最妥善的方法,尽力避免散发体臭。可能本人无法察觉,所以同事之间要明确指出"头发有味道""身体有异味"等。虽然可能有时会伤害到他人,但更重要的是,能在工作中不显示失礼,这才是身为社会人的责任。

031

注意口气,饭后刷牙。

吃过东西后一定要刷牙。没吃过东西但感受到口气味道时,同事之间也要相互提醒"最好还是刷一下牙"。因为口气本人难以察觉,所以坦率地说出是对他人的善意。谁都有喝了酒的翌日,或者因为身体状况的问题,发出难闻气味的时候。"很难说出口"的顾虑是不必要的,平时经常相互提醒的话,被提醒的人也只需说句"对不起,我去刷牙"就能结束。

032

创造从未有过的事物。

在表达、服务、手段等方面，去思考从未有过的方式很重要。当然也不能忘了普遍的做法。以这种方式创造出全新的"理所当然"，而不是固守"至今为止都是这么做""一般都是这样"的观念。只有从这些想法中脱离出来，才会明白挑战的价值。反复尝试后的失败会成为珍贵的宝物。

033

明确两个月以后的计划,
并为之不懈地准备。

每天的工作都是"今天的工作"与"两个月后的工作准备"之间的反复。被问起"为了两个月后的工作,现在应该做什么"时,要能给予明确答复。不管是办活动,还是做项目,抑或是学习新的工作,一个月都无法完成,而三个月前开始又未免太耗时间。所以提前两个月,好好做准备。"认真对待今天的工作,后面的工作也不懈怠"是基本原则之一。

034

保持书的整洁,
避免弄脏客人的手。

保持作为商品的二手书的整洁,是COW BOOKS 基本中的基本。和保持店铺整洁一样,书的封面和内页都要干净。客人想着"真不错啊"从书架上取出书,出店时手却因此变黑了,会很困扰。不管是多贵重、多少人都在寻找的书,只要是脏的就绝不进货。请务必贯彻这项规定。

035

绝不从正在浏览书架的客人面前横越。

这是一定要遵守的基本原则。不拿店铺狭窄作为借口。在书架前看书的时候,有店员从中间通过,客人肯定不会舒服。没有什么事着急到必须那么做。

036

绝不卖写上字的书、黏黏的书、有烟草味道的书。

胡乱描画过的书、黏黏的书,无论是怎样的珍本,COW BOOKS也绝不会收。比较容易遗漏的是有烟草味的书,这种书也不少,但我们绝不收。不管怎样都不选择,彻底杜绝贩卖这样的书吧。

037

思考并拥有个人的目标和梦想。

被问起"你的梦想是什么"时,回答不上的人多到令人吃惊。这太不可思议了。好好考虑下自己想成为什么样的人,想想个人的目标吧。请将工作作为实现自己梦想和个人目标的必经过程。同事之间也可以相互交流彼此的梦想。多小的事都没关系,有自己梦想的人和只是打工的人有着天壤之别。

038

工作本来的目的,
不是为了卖书,
而是为了给客人带去喜悦。

"不要考虑为了卖出书应该做什么,而要考虑如何让客人开心",这是所有工作的基本原则。如果只是将卖东西作为目标就会丧失了乐趣。一味想着"要卖出去,要卖出去"的结果,就是什么都卖不了。更应该认真考虑的是如何让客人喜悦,为此而花费心力,这样自然会收获想要的结果。这样一来,购买就不只是一次消费行为,而是会有回头客。

039

自我负责，自我指示，自我检点。

不受制于规定而自由地工作,也就意味着自己要承担所有责任。主动公开所有好的和坏的资讯,自我检查我们的状态,问题一旦发生就当场解决。这三点要在每日的工作里牢记在心。这就是"自立即独立"的含义。

040

店内温度要配合客人而不是自己的需要。

店内空调的温度要配合客人而不是店员的需要，不要以自己的感受为基准。一直待在店里，冬天开着暖气会觉得热，夏天开着冷气会觉得冷，但也不能因此调节。从外面来的客人，在冷天、暑天到来，让其感受到冬日的温暖、夏日的凉爽。这种恰到好处的温度，就是适合书店的温度。要将客人的感受置于店员的感受之上。

041

带着谦逊的态度倾听客人谈书。

只要客人不发问，就不主动说明商品。我不认为做书店生意，就需要对书特别了解的人。比起对书的了解，我更希望和一心为带给客人喜悦而努力的人一起共事。将"对方比我更为知识丰富"作为自己认知的前提吧。对客人来说，能够谈书是很开心的事情。店员即便拥有这样的知识，也绝不要去炫耀。我们要以"不是能听到关于书的各种事情，而是可以谦虚倾听客人说话的书店"为目标。

042

永远带着坦诚和初心工作。

不管别人说什么，总是发出"但是""真的吗"这样的质疑，是做不好事情的。凡事质疑、强词夺理的人，即便没有带着恶意，也不会让人心情愉快。要带着坦诚和初心进行每天的工作。即使自己觉得不对的事情，也请接受。要想保持坦诚、不忘初心是很重要的。就算是工作了十年，也要带着"今天是第一天上班"的心情面对工作。

043

经常思考工作方式、书店,
以及其他方面,
有没有可创新的地方。

新事物是有趣的。花心思是有趣的。变化既有意思,也会带来成长。相反,如果一直以同样的方式工作,只不过是没有意义的苦修而已。每天都要思考工作方式、店铺的样子、工作的环境,有没有可以创新的地方。我们开会到最后总要问一句:"这是新的吗?"请不断寻找新方法、新想法、新思路。

044

为了对任何事都能有反应,
保持敏感的心。
避免冷漠、无视。

锻炼条件反射的能力。对任何事情都能马上注意到,并且做出反应。要想随时保持敏锐,就不能凡事冷漠。对客人当然如此,同事之间也要保持关心。故意无视,是不应该的。要有店外的伞倒了也能察觉的感性。不只对眼前的事物,对周围全方位的事物都要能做出反应,就像背后也长了眼睛一样。没有这种敏感度,是出不了好成果的。

045

尊敬他人，遵守礼节。

店内的寒暄、电话、信件。工作上总有很多与他人的往来。COW BOOKS的基本原则，是在这些事情中遵守礼节，保持恭谨，尊敬他人。任何事都不敷衍。有委托、询问、回复、道歉等需要的时候请写信。写过的信都复印存档。这样，若写信的人不在，他人也能对应，同事之间也能借此确认是否在遵守应有的礼节。

046

在书店以外的场所,也要带着
身为 COW BOOKS 店员的自觉。

非工作时间外出就餐,或是和朋友出去玩,这无可厚非。享受私人生活固然重要,但不可忘记"自己是 COW BOOKS 的人"。不要以为别人都不认识自己,说不定在某处会被客人看到。无视信号灯的时候,喝得酩酊大醉的时候,若是被喜爱我们书店的客人看到,会令他们很失望,也会给一起工作的同事添麻烦。

047

在意的地方,
每天多清理几次。

我觉得从早到晚都打扫书店也不为过。大家都要随时带着抹布，发现任何污迹时马上处理。有的灰尘早上打扫时没有发现，在午间光线的照射下会变得明显，这时要马上擦干净。相信没有客人看到你细心打扫的样子会反感。比起站在那里发呆，这更能表达身为店员的努力。当店内只有自己和客人两人相处的时候，还能缓解尴尬的气氛。

048

自己找事做,不偷懒,不怕流汗。

COW BOOKS只有一名店员值守,所以在没有人看着的时候,自己找事情做,不懒怠工作是基本原则。店内的氛围,会因你的勤奋而发生改变。努力工作的人,会情绪高涨、反应快,待客态度爽利。而相反,懒散恍惚的人,他的情绪也会低落、反应迟钝,并从待客的声音上就能听出这一点。

049

保持举止优雅而端庄。

走路的方式、拿东西的方式、乘电车的坐姿、按电梯按钮的方式,要随时带着被人看着的意识,思考怎样才会看上去更美。优雅而端庄的举止,会影响你工作的方方面面。在店中工作,最好像练习茶道一样。每天坚持练习将美的举止带在身上吧。

050

随时界定
今天的目标、本周的目标、
本月的目标、两个月后的安排。

把"今天的目标、本周的目标、本月的目标、两个月后的安排"一一写下，予以公开。这是COW BOOKS看似简单实则困难的一条基本原则。目标这东西，一直持续的话就会变得模式化。所以要在会议上相互询问"那是新的吗"，共同探讨"每个月都是同样的目标是不是等于没有进步"，等等。这种方式或许严格，但只有带着能够承受这点的意识才能一起工作。

051

务必在过程中,
检查目标达成的情况。

在实现目标的过程中不时时检查,最终是无法达成的。要一直确认完成了百分之几,还剩下多少,不能蒙混过关,直到最后一步都绝不通融。每个人发表本周目标后,在一周过半时,同事之间要相互询问完成了多少,以确认目标的达成度。

052

任何工作都实行二人体制，分出主要责任和次要责任。

在商品开发、网站运营、金钱管理以及打扫等方面，实行主要负责和次要责任的二人体制是书店的基本原则。自己一个人做，光自我管理就忙不完。而且，"除了那个人谁都不了解情况，谁都做不了"的状况本身就是禁忌。书店全员都要理解、共享，并且做到二人体制，将其作为店铺运营机制。

053

每天一次,
触摸排列的书。

书只要被触摸，就会作为商品闪闪发光，就会有客人购买。相反，如果一星期都没有人触摸，那本书就会失去光彩、死去。听上去很不可思议，但确实如此。COW BOOKS 中目黑店有 2500 本、青山店有 1000 本书，要全部一一触摸确实辛苦。但即便如此，就算是在边缘或是角落的书，也要每天触摸一次。摸的时候要说着"你好吗？今天也请多指教"，和书打招呼，把它们当作伙伴。

054

习惯一项工作后,
就要提高质量,做进一步挑战。

一旦学会并习惯了某项事物,我们就会觉得"这样就可以了"。这是工作中的陷阱。为了不至于落入陷阱,不断为提高工作质量而挑战吧。打扫也好,接待客人也好,完成这些工作并不是我们的目标。想着"怎样才能比现在做得更好""为了变得更好要如何做",不断挑战更高的目标。一直这样思考就不会有时间去懈怠了。

055

要有时间投资的意识。

对待时间,要像对金钱那样思考。认为时间有很多,无端浪费,不去考虑使用方法是不可取的。时间与金钱的不同在于时间无法积攒。正因为如此,才要更加有效地利用。休息的时候充分休息。在时间的不同使用方法中,清晰地知道自己获得了什么。灵活利用时间能转化为有效用的金钱,有效用的金钱又能制造出更多时间。

056

关心所有的工作,
包括同事的。

不仅要关心自己的工作，也要关心同事的，知晓他人目前正在进行的项目。因为有一起共事的人，所以不能认为只要把自己的工作做好就可以了。要随时保持沟通，可以先对同事讲述自己的工作。自己主动开口，对方也一定会讲给自己听。"真不容易啊，有什么需要帮忙的告诉我"，这样合作的心情会自然萌生，也能关心彼此。

057

如何能变得更好？
去思考、花心思，并执行。

思考"要想变得更好，要怎么做呢"。这是所有工作中都不可忘记的基本原则。想要做好的唯一途径，是在与现状不同的新方式上花心思。而思考办法的这一步谁都会做，真正困难的是接下来的执行。要改变已经学会的方法、改变旧有的习惯，都需要勇气。但只有把想法付诸行动，才会增长经验。而只有经验才会成为自己真正了解的信息，不断去增加自己原创的信息吧。

058

让客人感到"来 COW BOOKS 太好了",为此尽力。

从客人进店到离开，不断思索"怎样才能让客人觉得来这家店太好了"。要是有了好的想法就付诸行动。"非常放松，不知不觉时间就过去了。"客人这样说，是对书店的最高赞美。令人在店里感受舒适，有很多种方式。有的客人想和他人交流，有的想自己看书，能够照顾到各种客人的需求，是最理想的状态。

059

不急于出结果。

不要指望一步登天。任何事情都要花费与之相应的时间。同做菜一样,着急做出来的东西,和踏踏实实花时间做出的味道必然不同。前进一步退后两步,也是一种走路方式。在工作上,给合作的人留出足够的时间,体现对他人的关怀。勿忘欲速则不达。

060

在工作前就决定
"今日的行程"和"今日的挑战"。

在开始一天的工作前，先决定"今日的行程，今日的挑战"。作为和大家共享的内容，不敷衍了事，明确地写在纸上。让同事们知道"从几点到几点，这个人在干什么，今日进行着什么挑战"。挑战内容只要从现在的自己还没有做到的事情里面选择就可以。即使只有一两件事，只要在进行着新挑战，这天就将成为无可取代的一日。

061

每天进行一个新挑战,
并确认挑战结果。

在开始一天工作前拟定"今日的挑战",下班的时候请确认其达成效果。这样你就不得不去执行。执行比只是在脑子里想来得更困难。认为只要想出好主意来,就算做到了,是本末倒置。自我检查才是自我管理的基本原则。

062

无论多忙,
都不把坏心情带进工作。

谁都会遇到各种事情：身体不适、情绪不稳定、个人生活的种种状况。有时会因太忙而没有一点闲情。但不管是心情多坏的日子，都不要将其带入工作。因为这会影响同事之间的沟通，也会让店内的气氛变坏。"无论发生什么都不带坏心情上阵"是重要的原则。

063

双手递交客人购买的商品。

对待书,要像对宝石那样珍视。被购买的书,更需要恭敬对待。要将书双手递交客人,而不是单手递,更不要将书随意扔在一边。

064

天气恶劣的日子里,
对来店的客人表达感谢。

下雨天、刮风天、下雪天，热得让人受不了、持续高温的天气——在这些日子里，对那些特地到来的客人，要特别表示感谢："今天真的谢谢您能来。"通常客人们的脚步会受天气左右，"如果没有这位来店客人，今天的营业额可能就为零"。这样一想，感谢之情就会油然而生。

065

定期进行店内大扫除。

即便每天都打扫,也要一个月大扫除一次。不可思议的是,总能找到污迹。大扫除还可以转换心情。不管觉得多麻烦,只要咬牙坚持,就会渐渐感到"做完真是太好了"。这种成就感在平时很难获得,于工作也会有很大进益。通过大扫除这项工作,品味经由我们自己的努力得到的成就感吧。

066

同事间相互确认"今天的仪容"。

"今天的仪容,从头发到指甲都可以吗?"每天早上,不是自己检查,而是同事间相互确认。相互检查指甲,确认是否有体臭,仪容是否整洁。如有必要的话,相互提醒注意吧。

067

填写联络手册要字迹清晰，内容具体。

一个人工作时感受到的事、认为其他店员也知道为好的事，以及业务上的联络，全都写在《联络手册》上。这是 COW BOOKS 的规定。只写下来很简单，但要有他人在读的意识，因此字迹要清晰，通俗易懂地、提纲挈领地写出很重要。通过手写来记录，是沟通的一环。与字迹漂亮还是丑陋无关。这个人是认真还是漫不经心，用什么心情写的，他人看了会一目了然。

068

不叹气,
不发呆,
不打哈欠。

这是过于理所当然的事，所以更要写在"100个基本"里让大家铭记。正因为基本，所以要不含混、明确地付诸文字。不叹气、不发呆、不打哈欠，是COW BOOKS重要的基本原则。粗疏对待理所当然的事，一切都会无以为立。

069

在会议上,
探讨新提案、新方法后,
马上实施。

会议的重点不是出席,而是事前准备。在会议上发布新的主意、方案、方法,同大家一起讨论,如果会议上诞生了好的想法,就马上为实施做准备。这样操作的话,大家就会为了出席会议,而事先各自做功课。即便没有会议,随时做好能够发表新提案的准备,也是基本原则。

070

会议、商谈
一定要留下记录,
让全体同事周知。

会议当然要留下记录,不管多么短暂的商谈,也以议事录的形式留下记录吧。即便只是五分钟的碰头,也会决定很多事。之后若有人产生疑问,想着"我们曾经做出过这种决定吗?",就会很麻烦。所以自己进行了怎样的协商,一定要写在纸上,让全员周知。议事录自然也是手写。虽然很辛苦,但坚持下去就会成为习惯,让大家的沟通变得更加紧密。

071

思考怎样让客人感到舒适地在店里停留更长时间。

舒服地、长时间地让客人停留在店里，作为店家应该做些什么？舒适程度是一家店的财产，店员们一点小小的关心就能营造出这种氛围。"如果自己是客人，什么样的店会让自己感到舒服？"这个问题值得大家思考。

072

一定要遵守约定。
无法遵守时提前联络。

工作,是靠遵守约定完成的。绝对遵守约定是基本中的基本。当然,无论如何都会产生没法遵守的情况。这时候就要尽早联络。不能遵守的时候,至少立刻报告总能做到。例如"现在状况下没有办法按照约定来了,但××可以完成""这个月不行了,下个月可以"。到了最后的关头,再让对方来问"那件事怎么样了"是不可以的。

073

凡事开动想象力,好好思考。

会工作的人往往都擅长运用想象力,这是一条铁律。对任何事都可以开动想象力,对眼前和未来更远的事展开想象、认真思考。要在所有的工作中都遵守这条规则。想象时,要将最好的情况和最坏的情况同时考虑到。

074

联络、报告、商量时，绝不怠慢。

简单的事情如果不形成习惯也很危险。就算只有一天怠慢了联络、报告和商量，也会打破全员的节奏，再想回到从前的秩序就很困难。一个人只要有一次忘记了报告，都会导致COW BOOKS的全体水准下降。请将这件事当作是马拉松那样，以每天不做不行的方式来理解。

075

经常检查预算状况,
临机应变地处理。

书店的工作不只是卖东西，还要给客人带去喜悦。但从结果上来说，不赚钱，书店就无法维持经营，更别提让顾客开心。所以哪怕只是普通员工，也常常把握下营业状况吧。不要觉得顺其自然就好，而要检查现金流。若发现会无法达成营业额就要尽早采取措施。愈晚只会愈辛苦。到星期三时营业额若只完成1/3，就该考虑有什么更好的让客人高兴的方法。

076

任何事都绝不事后报告。
报告要在被问询之前主动提出。

无论什么事情,绝对禁止事后报告。发生没有预期到的事故是没有办法,但除此以外,都要在被问询之前,尽早报告。要彻底执行这条规定。

077

每天,在书的陈列方式上做点变化。

昨日之新与今日之新不同。能有客人说"每次来都是新的，能感受到变化"是最令人高兴的。每天都有所创新吧。以"今天是否有崭新的一面"为基准，每天改变一下店内陈列。同样的商品只在陈列方式上变化，也能令店内面貌一新。如果只改动一点，就在打扫时进行。如果需要重新规划，就提前三十分钟到店。在营业额无法上升时，这些措施很有效。

078

考虑到客人的视线高度,
打造让人心动的店内陈列。

店内陈列要达到"即便客人什么也不买,只是看着也会觉得很兴奋"的效果。给书一个令人心动的出场方式,最简单的做法是让其一目了然。特别是要考虑到客人的视线位置,将最想被看到的书摆放在那个位置。这个细节是让人心动的根本。高个和矮个的店员可能会做出不同的陈列方式,但还是要以一般客人的视线为准。

079

对同事、客人、周围的人
以及所有进入视线的人保持关心。

不要事不关己,要对所有的事物保持关心,这样就会注意到事物的变化。由变化,产生体谅和关怀。体谅,是明白他人在想什么,知道他人的感受。将这些观察作为自己的工作能量来源坚持下去吧。对书店、同事、客人、书店周围的人们、在道路上行走的人们,以及进入的视线,都保持关心吧。

080

工作早下手为强,
提前周密准备与安排。

我认为这点可以涉及所有的工作。工作需要早开始，不能滞后一步。要尽最大的可能提前准备和安排。任何情况下，都是自己先下手会更有利。在准备中，需要做的工作会大致成型。只要好好准备和规划，就能让后面的工作游刃有余地推进，剩下的一切不过是水到渠成而已。要能够早出手，开动想象力也很重要。

081

同事间,经常相互检查业务的进展。

因为每个人都有自己的项目,所以更要确认彼此业务的进展状况。要避免出现因为一个人默默承担而最终没有办法完成的情况,为此要尽力相互支持。人与人之间,有时候不相互确认就没法推进。即便不是为了蒙混过关,难免还是会想掩饰自己办不到的事情。不时相互打个招呼吧,问下"你现在情况如何"。适时搭把手,相互帮助。同事间相互跟进工作,非常重要。

082

为了健康,
用心规律地生活。
健康管理是排在第一位的工作。

工作中排在第一位的是健康管理。不要认为"生病了没有办法",而是要反省是不是疏忽了健康。一个成年人因为发烧倒下而休息,是很丢脸的事。发烧之前肯定有预兆,在那个时候就要及时预防。流感也是,只要能做到规律地生活、洗手和漱口,就可以预防。有"自己休息了就会给大家添麻烦"的意识,就会深刻理解健康管理的重要性。

083

不浪费工作中的工具、用品。
设法节约。

文具、垃圾袋、纸张、打扫工具,请考虑节约方法,不浪费地使用办公用品。大家相互提醒减少浪费的方法。复印过的纸张背面可以做便签条。经常遗失的笔也是因为数量过多才会弄丢,不如一开始就只用两支笔,反而会珍惜吧。打扫用的抹布也是,好好清洗就能延长使用的寿命。

084

为了让客人记住自己而努力。

必须要知道，一开始若只是想卖东西，结果往往不会如愿。先让客人了解你吧。别人了解了你，才会产生信赖，信赖感一旦产生，就可以进入商品说明阶段。向他人介绍商品时，难免变成"这个怎么样"的促销模式。这时候一定要记住，最重要的还是人与人之间的交流，要加深自己和客人进一步的沟通。

085

决不在店内饮食。

在工作场所饮食,是很容易犯的错误,但决不允许。在自己的桌子上喝咖啡吃面包之类,更是禁忌。吃零食也不可以。一边喝东西一边工作,我认为是不可想象的事,因为这是工作的地方。

086

共事的伙伴之间相互帮助。
经常注意留心,伸出援手。

任何工作都不容易。大家各有各的忙碌,各有各的辛苦。对共事的伙伴,更要关心他们目前的状况,用心观察、事先知晓。没有什么工作可以一个人就能全盘做好,自己必定在什么地方接受着他人的帮助,或者将来有需要帮助的情况,所以要先对他人伸出援手。

087

比起营业额,
更重视"利润""成本"和"效率"。

做展会及活动等新策划，讨论该做什么好的时候，一定要以"能出多少利润"来吸引全员的目光。只提高营业额很简单，但如果花费过多成本、效率太差，无法产生利润，就没有意义。要将利润而不是营业额作为目标，要避免"那么辛苦长时间地工作却没有获利，造成了大赤字"的结果。

088

凡事都不私有化，学会分享。

你是否误以为工作场所里的东西,都是自己的东西?垃圾桶、笔记本、铅笔,甚至一枚订书针,都不是私物而是公司物品,是工作上的公有物。不能按自己喜好随便使用。工作场所的椅子和桌子也是同理。"自己的位子"指的是"自己借来使用的位子"。有这份心态,就会产生感激之情。

089

一目了然地排列
"今日 COW BOOKS 榜单"。

"今日 COW BOOKS 榜单"的陈列,是客人最先看到的地方。因为是今日排行,所以要每天变化。那是最想推荐、最想分享、最高兴、最能表达喜悦的东西。符合客人视线高度的位置就是最佳展示区,就把它陈列在那里吧。

090

委托、道歉和致谢时，不使用邮件，而应自己手写信件邮寄。

工作上的委托、道歉和致谢，使用手写信件，是COW BOOKS的风格，这是对社会及照顾自己的人们表达敬意的方式。亲自动手，考虑着对方的事情，多花点时间才够礼貌。要认真写，但用什么写不必拘泥，随处可见的便签纸和圆珠笔也可以。钢笔的话有点表面恭维内心却看不起的意思，太过夸张，会让对方觉得仿佛收到了很沉重的东西，反而很失礼。要避免出现这种情况。

091

对同事、客人
使用美的措辞。

同事间若只用粗浅的言辞，就会变成在聊天。因此无论关系多亲近，都要在工作中使用敬语。不能使用昵称或者"××酱"的称呼方式。彻底执行这两点吧。对客人使用谦恭而美的语言，更是理所当然。"怎样开口才算优雅？"——请养成这样的思考习惯。

092

店内的各处靠近看一下,
然后稍微离开一点再检查一下。

若不改变自己的视角,看见的事物也不会有任何变化。如果要检视店内,有时候需要靠近看。有没有污点、有没有损坏。把脸凑近,用手触摸,认真调查。有的东西靠得太近反而会看不见,所以又需要远观。捕捉全体的景象,才能看出不对劲的地方。要持有显微镜和望远镜两个视点,这在生活的所有方面都是必要的。

093

对金钱往来尤其要用心。

随意对待金钱的往来，把零钱随便放置，我认为都是不能被原谅的态度。钱不是自己的东西，只是暂时寄存的物品。不把脏污的钱找给客人；收款机里的钱面向一个方向放置；及时整理好千元面值的钞票，十张一捆放入金库。这些细心的举止会创造出书店的良好氛围。在对待金钱的细心程度上多些注意吧。

094

维持攻与守的平衡。

工作上，攻与守的平衡很必要。自己不断生发好点子，主动进攻固然好，但应该守住的部分一旦失手，最终可能仍然无法成事。只关心进攻，防守就会被忽视，需要小心。现在该进攻的是什么，该防守的是哪里，要事先明确。

095

关店的人,
要考虑到第二天的店员,
将一切收拾好。

工作人员不多的COW BOOKS，负责打烊的人只有一位，第二天来开店的也只有一个人。要让第二天的人有"昨天的人，谢谢你！"的心情，来做整理和准备工作。就算再累也不在书店散乱的状态下回去，不能给第二天一早来工作的人留下前一天工作的烂摊子。扔垃圾、收拾、做好让他人马上能开始工作的准备，非常重要。

096

不把"原本想"作为借口。

没有人是带着恶意犯错的,没有人想自己招来麻烦。即便如此,"原本不想这样的""我原本想如何做的"这种借口,也不能被原谅。"原本想"是存在于自身的问题,以这样的理由让共事的伙伴一同承担,十分勉强。大家都明白是出于无意才发生了问题,所以请先坦诚地道歉。

097

随时思考
我们的工作中有什么不足之处,
有什么没做到的地方。

今日的挑战、本周的挑战等目标，不是灵机一动的新想法，要经常在日常中考虑"自己的工作中有什么不足、有什么没做到的地方"。如此一来，被问到"目标"的瞬间，就可以脱口而出。对于自己的不足之处，如果进行客观审视，就能更好地知晓。被人指摘之前，能够意识到"自己一定要注意到这一点"的，才是真正了不起的人。

098

不做会损坏书的事,
不做会损坏书的陈列方式。

COW BOOKS里，有别人珍惜了几十年，因为缘分才到我们这里来的书。没有什么比书在交到下一个所有者前就损坏更悲哀的事了。稍微不注意，书就会留下伤痕。书可以竖立排列，但要略有斜度。若在书架上塞到连手指都伸不进去的程度，抽出时必须用力，就会损害书籍。陈列时就想象一下："这本书如果这样放置，客人会如何拿？"

099

凡事维持理智、
感情与意志的平衡。

在工作中开动理智、感情与意志吧,为了不做单纯重复的工作而努力。同样的工作做了十年,会很容易觉得"一年中的这个时期,是在做这件事",觉得今年重复去年就可以了。但只做相同的事情是无法进步的。试着挑战看看,就算只是一两件新的事物也好。品味一下没有事先写好剧本的紧张感吧。

100

经常思考如何让他人开心。

客人、一起工作的店员、这个社区的人，多思考如何让自己以外的人感到喜悦吧。通过工作能为社会做点什么，以此为基点展开工作。如果所有的人都感到喜悦，最后这份喜悦也能降临在自己身上，这样的顺序刚刚好。如果凡事以自己开心为优先，就只会有小的目标，无法提升动力，从结果上来说也做不好工作。

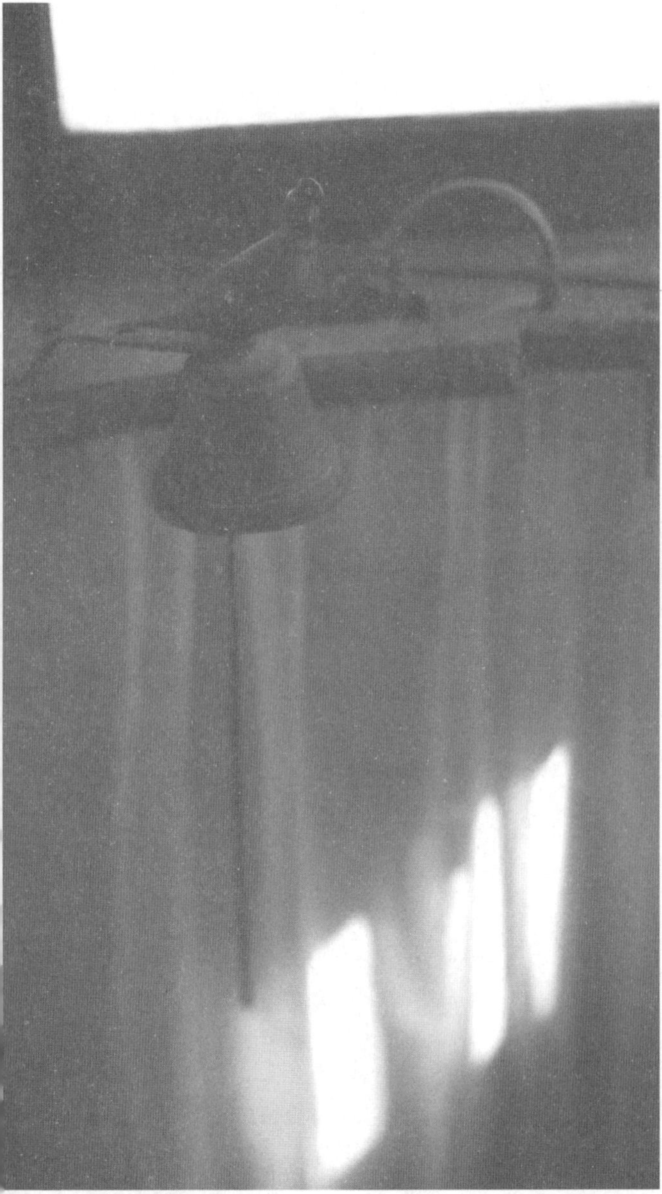

打造你的"100个基本"

任何事都可以，试着将你觉得不错的事写下来。别不好意思化为文字，这不是给他人看的东西。很细小的事、随时想到的事都可以，总之先写下来试试。

不要想着一次性完成，让头脑和心灵的角落都照进阳光，将那些角落的内容按照原本的想法写出来。不刻意凑齐100这个数字，这样的意识也很重要。无论是凑不齐还是超出100条，都不要介意。

一旦开始着笔，就尽量每天看一遍。然后根据自己的想法重写、增删等。在一天一次的过目中，会于无意中形成思考。在重复的过程中，会看到自己的"100个基本"的大致轮廓。然后再增加新想到的事、删减觉得不认可的事，或者改变表述方式等。

"100个基本"是从任何时候都可以开始，谁都可以做到的人生信条。

001

002

003

004

005

006

007

008

009

010

011

012

013

014

015

016

017

018

019

020

021

022

023

024

025

026

027

028

029

030

031

032

033

034

035

036

037

038

039

040

041

042

043

044

045

046

047

048

049

050

051

052

053

054

055

056

057

058

059

060

061

062

063

064

065

066

067

068

069

070

071

072

073

074

075

076

077

078

079

080

081

082

083

084

085

086

087

088

089

090

091

092

093

094

095

096

097

098

099

100

图书在版编目（CIP）数据

100个基本 / (日) 松浦弥太郎著；尹宁译. -- 长沙：湖南人民出版社，2024.6
ISBN 978-7-5561-3520-2

Ⅰ. ①1… Ⅱ. ①松… ②尹… Ⅲ. ①人生哲学-通俗读物 Ⅳ. ①B821-49

中国国家版本馆CIP数据核字(2024)第071419号

100 NO KIHON MATSUURA YATARO NO BASIC NOTE
Copyright ©Yataro Matsuura 2012
All rights reserved.
Original Japanese edition MAGAZINE HOUSE, Ltd.
This Simplified Chinese edition published
by arrangement with kihon inc., Japan., care of Bunbuku Co., Ltd.,
through CREEK & RIVER SHANGHAI Co., Ltd.

著作权合同登记号：18-2023-189

100个基本
YIBAI GE JIBEN

[日] 松浦弥太郎 著　尹宁 译

出 品 人	陈　垦
出 品 方	中南出版传媒集团股份有限公司
	上海浦睿文化传播有限公司
	上海市万航渡路888号开开大厦15楼A座（200042）
责任编辑	曾诗玉
美术编辑	张王珏
责任印制	王　磊
出版发行	湖南人民出版社
	长沙市营盘东路3号（410005）
网　　址	www.hnppp.com
经　　销	湖南省新华书店
印　　刷	深圳市福圣印刷有限公司

开本：880mm×1230mm 1/32　　印张：13.5　　字数：150千字
版次：2024年6月第1版　　版次：2024年11月第2次
书号：ISBN 978-7-5561-3520-2　　定价：59.00元

版权所有，未经本社许可，不得翻印
如有倒装、破损、少页等印装质量问题，请联系电话：021-60455819